ROBERTO BOMBASSEI

MAGIA MATEMATICA

INTRODUZIONE BY DARIO URI

Roberto Bombassei,
esperto di illusionismo e vorace studioso di magia
matematica, rispolvera qui, una serie di effetti
sorprendenti con i numeri, già conosciuti nei secoli
passati, attuando così una doppia funzione: quella di
spiegarli in modo chiaro, conciso e con esempi dando la
possibilità a tutti di eseguirli facilmente,e quella di fornirci
le sorgenti storiche di tali effetti così da soddisfare anche
quegli studenti seri di matematica ricreativa che, oltre a
conoscere l'effetto stesso, desiderano essere edotti sulle
epoche storiche nelle quali questi giochi sono apparsi ed
eventualmente quando possibile,anche sui nomi dei loro
autori.

Attendendo il prossimo lampo di creatività di Roberto,
ci gustiamo nel frattempo questi effetti
che possono essere un valido aiuto per mentalisti o più
semplicemente per riempire qualche serata con amici
allietando le belle compagnie.
Grazie Roberto !

Dario Uri

INTRODUZIONE BY ROBERTO BOMBASSEI

Nella presente pubblicazione troverete la storia della matemagia ed effetti magici che utilizzano numeri.

Non sono puzzle: sono giochi di prestigio con i numeri.

Questo vuol dire che con un adeguata presentazione diventano o possono diventare affascinanti , intriganti e misteriosi per il pubblico che assiste e/o partecipa alla vostra esibizione.

Sono effetti che potete presentare ovunque, semplici da eseguire e di forte impatto sul pubblico.

Non abbiate paura ad eseguirli,pensando che potrebbero annoiare il vostro pubblico: dovete sapere che la matematica affascina la gente.

Desidero ringraziare l'amico DARIO URI ,uno dei più grandi giocolatori matematici mondiali, per aver scritto la prefazione di questa mia pubblicazione e ringrazio te che stai leggendo per dedicarmi parte del tuo tempo.

Buona lettura .

Roberto Bombassei

BREVE STORIA DEI LUDO MATEMATICI

I giochi di prestigio sono molto antichi.
I primi testi a noi conosciuti che parlano e svelano giochi
di prestigio sono legati ai ludo matematici, giochi di
prestigio con alla base principi matematici.

In particolare possiamo definire che:
il primo libro che parla di ricreazioni matematiche viene
attribuito ad Arcuino Da York (735/804) , filosofo ,
docente e teologo britannico fu invitato da Carlo Magno
per favorire la cultura nel suo impero.
Nel manoscritto "De artihmeticis propositionibus"
troviamo due pagine con la descrizione di un ludo
matematico.Questo manoscritto e' stato alcuni anni fa
acquistato per un milione di dollari dall' Università di
Trieste.

Leonardo da Pisa - detto Fibonacci (1170 /1250)
incluse nel celebre "Liber abaci" alcuni giochi di
divinazioni matematiche

Leonardo da Vinci (Vinci 1452 – Amboise 1519)
nel manoscritto "c",conservato a Parigi presso la
Bibliotheque de l'Istitute de France inserisce due "giochi
di partito" (di divisione) descritti come se si trattasse di
giochi di prestigio.

Giochi matematici apparvero per la prima volta in forma di libro nel trattato di aritmetica di Filippo Calandri (1491)

Fra Luca Pacioli nel " De viribus quantitatis" descrive molti ludo matematici (1508)

FRA LUCA PACIOLI E IL MANOSCRITTO RITROVATO

Fra' Luca Bartolomeo de Pacioli o anche Paciolo (Borgo San Lorenzo, c. 1445 – 1514 o 1517)
è stato un religioso e matematico italiano, autore di importanti libri tra cui "Summa di Arithmetica, Geometria, Proportioni e Proportionalità " e della " Divina Proporzione ".

Nel 1494 pubblicò a Venezia una vera e propria enciclopedia matematica (Summa de arithmetica, geometria, proportioni e proporzionalità) scritta in volgare, contenente un trattato generale di aritmetica e di algebra, elementi di aritmetica utilizzata dai mercanti .
Uno dei capitoli della Summa è intitolato "Tractatus de computis et scripturis" dove viene presentata per la prima volta il concetto di partita doppia che poi si diffuse per tutta Europa col nome di "metodo veneziano", perché usato dai mercanti di Venezia.

Il periodo trascorso a Milano presso gli Sforza (1496-1499) è uno dei più interessanti dal punto di vista scientifico in quanto Leonardo da Vinci era ospite a corte e nacque tra i due una profonda amicizia
Si riconosce infatti che sia stato Pacioli a insegnare la matematica a Leonardo, ed è indubbia l'influenza di questo ultimo sul "De Divina Proporzione ".

Il capitolo conclusivo dell'opera dedicato ai solidi contiene una sessantina di tavole di cui per una delle tre copie manoscritte esistenti del trattato, tali disegni sono opera di Leonardo.

Nel medioevo i problemi dilettevoli accompagnano l'apprendimento della matematica ed è raro trovare trattati di aritmetica pratica che ne siano privi.
Tra il 1496 e il 1508 Pacioli si occupò della stesura del "De viribus quantitatis", la più importante raccolta medievale di ricreazioni matematiche e scientifiche.
Essa è un'unica copia manoscritta ,contenuta nel codice 250 della Biblioteca Universitaria di Bologna.

Il manoscritto di cm. 24 x 16,5 consta di 309 carte (pari a 618 pagine) delle quali 4-16 sono occupate dall'indice, le due seguenti dalla lettera dedicatoria, e le rimanenti dal testo.
Il codice è proveniente dalla biblioteca dell'appassionato bibliofilo Giovanni Giacomo Amadei (1768) canonico di Santa Maria Maggiore di Bologna.

Il trattato inizia con l'indice e una lettera dedicatoria, illuminante per la conoscenza di altre opere dell'autore.

Il testo principale che segue è diviso in tre parti.
La prima parte ("Delle forze naturali cioè de Aritmetica") è certamente quella più importante per la storia della matematica, perché costituisce la prima grande collezione di giochi matematici e problemi dilettevoli,

primato che prima di tale scoperta era detenuto dal Bachet (1612).

Gli storici, ignorando l'esistenza del lavoro di Pacioli, hanno attribuito per secoli, il merito della prima raccolta di giochi matematici a Bachet di Mezierac col suo "Problemes Plaisant et Delectable" (1612) da dove hanno attinto gli autori successivi Van Etten, Ozanam, Alberti . Pur non togliendo la priorita' della stampa al Bachet, , nella prima parte del De Viribus, sono riportati molti dei problemi trattati poi dal Bachet,

Nella seconda parte ("Della virtù et forza lineare et geometria") Pacioli descrive una decina di giochi topologici che fino a poco tempo fa si credevano invenzioni più recenti (1550–1750).

L'opera si conclude con la terza parte, intitolata "De documenti morali utilissimi".

Nel gennaio 2010 chi scrive ha conosciuto Dario Bressanini che in collaborazione con una filologa, Silvia Toniato , avevano tradotto e commentato alcuni anni fa un testo manoscritto di Pacioli.
Il loro lavoro pero e' stato abbandonato e mai pubblicato.
Durante il nostro incontro, Dario mi ha parlato del loro lavoro.

Essendo uno studioso del Pacioli , per quanto riguarda la parte di magia matematica, ho ritenuto la notizia estremamente importante sia dal punto di vista storico sia dal punto di vista magico.

Questo manoscritto e i giochi in esso contenuti, sono sconosciuto agli studiosi di giochi matematici e al mondo dei prestigiatori ed è uno dei due manoscritti autografi di Luca Pacioli noti ad oggi
(l'altro è lo Schifanoia, ritrovato da poco a Gorizia , dedicato agli scacchi).

La consultazione e il successivo studio del manoscritto ha portato quanto segue:

Troviamo giochi di "divinazione", non molto diversi da "indovino il numero che hai pensato" che sicuramente molti di voi avranno imparato alle scuole elementari o alla medie. Sono giochi che coinvolgono solo le quattro operazioni, ma il cui meccanismo è spesso meno semplice di quanto si possa pensare.

Ci sono problemi famosi dall'ambientazione fantasiosa, con ebrei e cristiani che viaggiano su una nave in tempesta: per evitare il naufragio e salvare almeno una parte dei passeggeri qualcuno, estratto a sorte facendo "la conta", deve essere gettato a mare; il gioco consiste nel far sì che, guarda caso, siano solo gli ebrei a finire in acqua.

Si passa poi a giochi che possiamo definire "da taverna" perchè richiedono la presenza di un gruppo di persone e di oggetti, tra cui dei dadi e delle monete. Lo scopo è sempre quello di indovinare qualche cosa: i punti dei dadi, dove è nascosto l'anello, o che monete hanno in mano tre amici.

Pacioli descrive alcuni giochi di prestigio basati sulle carte da gioco, alcuni dei quali sono ancora nel repertorio di maghi e prestigiatori moderni.

Alcuni giochi chiedono di scoprire un algoritmo: un metodo per portare a termine il compito assegnato, come il problema dell'attraversamento di un fiume con una capra, un lupo e dei cavoli.
Troviamo poi donne che vanno a vendere uova o perle al mercato, mariti gelosi, pezze di stoffa da tagliare e tanto altro.

Il confronto con de Viribus, è interessantissimo dal punto di vista della storia dei giochi matematici.

Alcuni giochi appaiono esattamente come descritti nel " de Viribus ", mentre in altri Pacioli ha cambiato l'ambientazione
e/ o la soluzione.
In un gioco contenuto in questo manoscritto presenta una soluzione sbagliata che verrà corretta nel de Viribus.
Dopo una lunga ricerca possiamo affermare che il manoscritto del Pacioli è "Tractatus ad discipulos Perusinos", ms. Vat. Lat. 3129, Perugia manoscritto conservato in Vaticano di cui pochissime persone sono a conoscenza e quasi nessuno lo ha mai visto.
E' datato 1478, circa 30 anni prima del "De Viribus

Quantitatis " ed e' consultabile solo ai ricercatori.

Per la prima volta e' stato tradotto dal volgare in italiano dalla studiosa Silvia Toniolo e i suoi giochi matematici, che anticipano 30 anni prima il famosissimo " De viribus quantitatis", commentati dal mio amico Dario Bressanini.

Con questo articolo , per la prima volta nel mondo magico ed accademico dopo 500 anni , il manoscritto "ritrovato" rivive e con lui il suo autore, il geniale Fra' Luca Pacioli.

Note :
Per una consultazione del manoscritto " De Viribus Quantitatis " vedere il sito del mio amico e grande giocolatore matematico di fama mondiale Dario Uri www.uriland.it

Grande successo ha avuto il compianto Vanni Bossi che alcuni anni sono ha presentato ad Atlanta durante la manifestazione Gathering For Gardner, la più importante manifestazione matematica mondiale , la conferenza sui giochi matematici del Pacioli, contenuti nel "De Viribus" e ha mostrato ai partecipanti il manoscritto originale.

PENSA AD UN NUMERO

Scrivete su un foglio il numero 4.
Mettetelo in una grande busta.

Siete davanti al vostro pubblico e dite ad alta voce:
" Ognuno di voi pensi ad un numero intero qualsiasi (esempio 5)

Moltiplicate il numero pensato per due (esempio 5x2= 10)

Aggiungete 8 al numero ottenuto (10+8= 18)

Dividete per 2 il totale ottenuto (esempio 18:2= 9)

Sottraete il numero che avete pensato all'inizio (esempio 9-5= 4)

Dite ora di nominare ad alta voce il numero che ogni persona del pubblico ha trovato..
Tutti insieme grideranno il numero 4....Primo applauso.....
Aprite la busta e mostrate a tutti che prima di iniziare lo spettacolo avevate predetto il numero 4.

IL VOSTRO NUMERO DI TELEFONO

Scrivete su un foglio prima di iniziare l'effetto il numero 9.
Chiudete il tutto in una busta tenendola ben in vista sul tavolo.

Dite al vostro pubblico di seguire le seguenti indicazioni :

" scrivete su un foglio il vostro numero di telefono "
(esempio 345.87.98.65)

" Utilizzando sempre gli stessi numeri create un nuovo numero "
(esempio 345.87.98.65 = 453.78.89.56)

" Sottraete il più piccolo dal più grande "
(esempio 453788956 - 345879865= 107909091)

" Sommate cifra per cifra il risultato ottenuto "
(esempio 107909091= 1+0+7+9+0+9+0+9+1= 36= 3+6=9)

Fate dire a tutto il pubblico il numero che hanno ottenuto...
Tutti diranno 9...primo applauso...
Aprite la busta e mostrate a tutti il 9.

PIU VELOCE DELLA LUCE

Dite ad uno spettatore di prendere un foglio ed una matita e seguire le vostre indicazioni:

" scegliete un numero tra 0 e 1" (esempio 1)
"scegliete un numero tra 2 e 3" (esempio 3)
" scegliete un numero tra 4 e 5" (esempio 4)
" scegliete un numero tra 6 e 7" (esempio 6)
" scegliete un numero tra 8 e 9" (esempio 8)
" scegliete un numero tra 10 e 11" (esempio 10)
" scegliete un numero tra 12 e 13" (esempio 12)
"calcolate la somma di questi numeri senza dirmi o comunicarmi il risultato" (esempio 1+3+4+6+8+10+12= 44)

Chiedete allo spettatore "quanti numeri dispari ci sono" (esempio 2)
Mentalmente sommate il numero fisso 42 con il numero che vi dice lo spettatore (esempio 42+2=44)

Comunicate al vostro pubblico la somma da voi ottenuta che sarà uguale alla somma da lui scelta

ETA' E NUMERO DI SCARPE

Chiedete ad uno spettatore di scrivere senza comunicarvi niente su un foglio di carta il suo numero di scarpe senza le mezze misure.
(esempio 36)

Moltiplicate tale numero per 100 (esempio 36*100= 3600)

Sottraete dal numero ottenuto il suo anno di nascita (esempio 3600 - 1975= 1625)

Fatevi dire tale numero.

Mentalmente aggiungete a tale numero l'anno in corso (esempio 1625+2008=3633)

Le prime due cifre del risultato ottenuto indicano il numero di scarpe , le altre due l'età.

Comunicate il tutto al vostro pubblico.

INCREDIBILE!!!!

Sul palco avete una lavagna.
Invitate sul palco uno spettatore per aiutarvi in un
meraviglioso effetto magico
Giratevi di spalle al pubblico.

Ditegli ad uno spettatore di scrivere un numero di
qualsiasi lunghezza (esempio 35689)
Ditegli di sommare cifra per cifra
(esempio 35689=3+5+6+8+9= 31)

Ditegli di sottrarre questo numero al numero scritto
all'inizio
(esempio 35689 - 31= 35658)

Ditegli di cerchiare un numero di questo numero
(esempio lo spettatore cerchia al 5)

Ditegli di dirvi uno alla volta i numeri rimasti in ordine
come vuole lui senza dire il numero cerchiato

Mentre ve li dice mentalmente sommateli ignorando se
c'e' il numero 9 (esempio 3+5+6+8=22 =2+2= 4)
Sottraete mentalmente dal numero fisso 9 il numero che
avete trovato addizionando i numeri comunicati
(esempio 4) (esempio 9-4= 5)

Comunicate al pubblico il risultato che sarà uguale al
numero pensato e cerchiato dallo spettatore.

IL TUO NUMERO FORTUNATO

Scrivete su una lavagna il numero 12,345,679

Consegnate ad uno spettatore una calcolatrice e ditegli di dirvi un numero dall'1 al 9.
(esempio 7)

Moltiplicate mentalmente il numero da lui scelto per nove
(esempio 7*9= 63)

Girate la lavagna e ditegli di moltiplicare il numero scritto sulla lavagna per , come da nostro esempio,63
(ps: a seconda del numero ottenete moltiplicando per nove un numero che sarà usato per l'esibizione) ....
....il risultato sarà sempre composto dal numero pensato ripetuto all'infinito!

PREVISIONE IMPOSSIBILE

Dite al vostro pubblico di dirvi i primi nove numeri in ordine casuale
Scrivete su una lavagna a gruppi di tre
(esempio 245 / 136/ 789)

Mentalmente sommate i terzetti partendo dal basso(come da nostro esempio 217+438+569=1224)

Scrivete il risultato dell'addizione mentale senza mostrarlo al pubblico su una lavagna. Questo numero sarà la vostra previsione

Prendete un'altra lavagna e chiedete al pubblico di dirvi quale numero preferiscono della prima riga (esempio 245 sceglie 2)

Scrivete il numero scelto sulla lavagna e tirate una riga sull'altra lavagna.

Chiedete a uno spettatore quale numero preferisce della seconda riga(esempio 136 sceglie 1).procedete come prima tirando una riga sul numero e scrivendolo da parte al numero scelto prima.

Procedete con un altro spettatore sulla terza riga(esempio 789 sceglie 7),

tirate una riga sulla lavagna e scrivete la scelta sull'altra

Avete cosi' formato un nuovo numero (esempio 217)

Ora procedete a formare un nuovo numero di tre cifre partendo facendo scegliere ad uno spettatore tra i due numeri rimasti della prima cifra (esempio 4)

Procedete tirando una riga sul numero e scrivendolo dall'altra parte.

Procedete in maniera uguale per la seconda riga (esempio sceglie 3)

Stessa cosa per la terza riga (esempio sceglie 8)

Avete formato un secondo numero composto da tre cifre posto sotto il precedente numero (esempio 438)

Riportate formando un nuovo terzetto di numeri con quelli rimasti (esempio 569)

Sommate insieme i nuovi tre numeri di tre cifre formati

(esempio +438+569= 1224)

Mostrate la vostra predizione che corrisponde esattamente al nuovo totale

CALENDARIO MAGICO

Utilizzate un calendario diviso nei dodici mesi .

Fategli scegliere ad uno spettatore un mese.

Ditegli di scegliere da qual calendario tre numeri uno sotto l'altro.

Fategli sommare questi tre numeri.(esempio 14/21/28)

Fatevi comunicare il totale (esempio 63)

Dividete mentalmente il totale comunicatovi per tre (63: 3 = 21)

Questo numero e' il numero centrale dei tre. Sottraete e aggiungete 7 e avrete tutte e tre i numeri

Ps: lo stesso effetto lo si può fare utilizzando quattro numeri a quadrato.

Quando vi comunicano il numero dividetelo per quattro trovate il primo numero ,

aggiungendo uno trovate il secondo

aggiungendo 7 trovate il terzo

Aggiungendo 8 trovate il quarto

SOMMA PREVISTA

Scrivete su un foglio di carta il numero 1089

Fate scrivere ad uno spettatore un numero di tre cifre differenti.

(esempio 754)

Rovesciate il numero (esempio 457)

e fate sottrarre il numero più piccolo dal numero più grande

(esempio 754-457= 297)

Rovesciate formando un nuovo numero il risultato

e addizionatelo al precedente (esempio 297+792= 1089)

Aprite il foglio e fate leggere la vostra previsione.

PIÙ VELOCE DELLA LUCE

Scrivete su una lavagna un numero di cinque cifre detto da un spettatore (esempio 35678)

Prendete una lavagna ed eseguite mentalmente il calcolo qui di seguito spiegato:

togliete due dall'ultima cifra del numero (in questo caso 8 -2 = 6)

Aggiungete 2 all'inizio del numero creando cosi' un nuovo numero (esempio 235676).

scrivetelo sulla lavagna .questo sarà la vostra previsione

Riprendete la prima lavagna e chiedete ad un altro spettatore di dirvi un nuovo numero di cinque cifre (esempio 27891)

Chiedete ad un terzo spettatore un nuovo numero di cinque cifre che scriverete sotto agli altri due (esempio 43267)

Ora aggiungete voi due numeri sotto i precedenti cosi' formati:

Guardate il secondo numero scritto e aggiungete per ogni cifra un numero per arrivare a nove (esempio 27891= 72108)

Scrivete poi un altro numero con lo stesso procedimento prendendo però come base il terzo numero scritto

(esempio 43267=56732)

Fate fare la somma dei cinque numeri scritti che sarà esattamente uguale alla somma da voi scritta prima di iniziare l'effetto.

HO SOGNATO UNA CARTA

Prendete un mazzo di carte e prima di presentarvi davanti al pubblico scrivete su un foglio la 10° carta partendo da sopra.

Rimettete il mazzo di carte nel suo astuccio e ora siete pronti per eseguire questo incredibile effetto.

Dite al vostro pubblico che l'altra notte vi e' apparsa in sogno una carta da gioco e che al mattino l'avete scritta su un foglio .

Fatevi dire un numero compreso tra 10 e 20.(esempio 17)

Contate ad una ad una 17 carte sul tavolo. Le carte rimaste mettete da parte.

Fate sommare le due cifre del numero scelto(esempio 17=1+7= 8)

Prendete ad una ad una le carte corrispondenti al numero trovato

(esempio le prime 8 carte) dandogli allo spettatore l'ultima carta contata (esempio l'ottava).

Aprite la predizione che corrisponderà esattamente alla carta scelta.

IL FAMOSO GIOCO DELLE 21 CARTE

Prendete ventuno carte e disponetele in tre mazzetti di carte di 7 carte ognuno.

Tenete le carte a faccia in alto.

Dite ad uno spettatore di pensare ad una carte di un mazzetto.

Fatto cio', chiedetegli in che mazzetto si trova.
A sua risposta prendete e girate tutte le carte a faccia in basso, mettendo il mazzetto dello spettatore in mezzo agli altri due.

Mettete poi la prima carta a sinistra a faccia in basso , seguita dalla seconda in centro e la terza a destra. continuate cosi' per tutte le carte del mazzo (la prima a sinistra , poi centro infine a destra.)

Avete riformato cosi' tre mazzetti. mostrateli ad uno ad uno allo spettatore chiedendogli alla fine in che mazzetto si trova la sua carta.

Come prima mettete questo mazzetto in mezzo agli altri due e ripetete nuovamente la suddivisione dei tre mazzetti come descritto prima.

Chiedete sempre in che mazzetto si trova la sua carta e mettete questo mazzetto in mezzo agli altri due.

Ora contate dieci carte e girate la successiva:
e' la carta pensata dallo spettatore!

MANCA UNA CARTA

Utilizzate un mazzo di carte (40 carte)

Voltatevi e fate scegliere ad uno spettatore una carta qualsiasi dicendogli di riporla in tasca.

Fatto ciò giratevi e fatevi consegnare il mazzo di carte. Iniziate a passare ad una ad una le carte sommando i valori in base dieci (IL RE = 10 NON LO SI CONTA) (per esempio 7+8= 15 tenete il mente solo 5, sommatelo alla carta successiva , esempio 4 quindi 5+4=9 poi alla carta successiva 7 quindi 9+7=16 tenete in mente solo il 6 (16-10=6))

Sommate tutte le carte in questo modo .alla fine sottraete dal numero 10 il numero trovato e avrete il valore della carta mancante. Sfogliate nuovamente il mazzo di carte e guardate che seme manca di quel valore e sapete la carta presa dallo spettatore.

Potete utilizzare anche un mazzo di 52 carte, dicendo di non scegliere una figura. Procedete poi sommando come descritto sopra.

ELIMINAZIONE

Prendete un mazzo di 52 carte.
Contate e mettete sul tavolo 12 carte. Con le carte
rimanenti fate scegliere ad uno spettatore una carte ,
fategliela ricordare e poi fatela rimettere sul mazzetto
delle carte sul tavolo. Mettete poi tutte le carte in mano
sopra a quelle sul tavolo.

Prendete poi le prime quattro carte del mazzo senza
invertire l'ordine e mettile sul tavolo. Poi prendi le
successive quattro carte e mettile sotto al mazzo. Ripeti
un paio di volte questa procedura e poi invita uno
spettatore a dirti stop. Lo stop deve avvenire quando hai
messo le quattro carte sotto alle altre.

Allo stop procedi mettendo due carte sul tavolo e due
sotto. Chiedi nuovamente come prima l'intervento di uno
spettatore per dirti stop.

Consegna il mazzetto di carte restante ad uno spettatore
e invitalo a mettere una carta alla volta sul tavolo , una
sotto al mazzo fino ad esaurimento mazzo di carte.

Alla fine rimarrà con una carta in mano : e' la carta scelta!

MATRIX SQUARE

fatevi dire un numero di due cifre maggiore di trenta.
Eseguite mentalmente il seguente calcolo :
sottraete dal il numero scelto il numero fisso 30
dividete il risultato per quattro
questo numero e' il primo numero che verrà scritto nella
casella in alto a sinistra in un quadrato di 4 caselle per
lato
procedete a scrivere I numeri aggiungendo uno al
numero trovato partendo dalla casella in alto a sinistra ,
poi fate tutta la prima riga per poi passare alla seconda
con il quinto numero , tutta la seconda, con il nono
numero siete alla terza riga e con il 12° numero iniziate la
quarta
a seconda del resto della divisione procedete come
segue:
resto 0 : scrivete I numeri partendo dal numero base
aggiungendo ogni volta 1
resto 1: il primo numero della quarta cifra salta di un unità
e tutta la riga parte da questo numero
resto 2: come la precedente ma salta la terza riga
resto 3: come le precedenti ma salta la seconda riga

Costruito il quadrato gli spettatori procedono ad eliminare
alcuni numeri in questo modo:

SI sceglie un numero, si cerchia, e si cancella tutti i
numeri della stessa riga e colonna.
Si sceglie un terzo ed un quarto sui numeri rimasti

procedendo esattamente come il primo.
Alla fine sono cerchiati quattro numeri che sommati
insieme corrisponde esattamente al numero pensato
inizialmente dallo spettatore

STORIA DELLA MEMORIA PRODIGIOSA

Il più importante strumento di magia e' posseduto da
tutti gli uomini :il cervello.

La sua natura e' poco conosciuta dalla massa ed alcune
sue capacità sono sempre state considerate esclusive
per poche persone.

Una di queste capacità e' la memoria.
Fin dai tempi antichi gli uomini provano una profonda
venerazione per la memoria.

Una memoria forte era considerata massima virtù perché
rappresentava internamente le conoscenze supreme del
mondo esterno.

In tempi passati dove esistevano pochi libri e quei pochi
conservati per gli eletti,le informazioni e le cose
dovevano essere per forza ricordate.

I personaggi più importanti erano stimati anche per la
loro memoria "superiore".

La prima persona che viene ricordata fu il poeta Simonie
Da Ciro.
Secondo Cicerone, che scrisse di lui quattro secoli dopo,
egli ricordò tutti i commensali e i le loro posizioni a tavola
dopo il crollo del soffitto ad un banchetto in Tessaglia
dopo Simonie fu l'unico sopravvissuto.

Egli scopri che unendo i ricordi ad immagini e disponendole in un "palazzo della memoria" i ricordi restano indelebili.

Il filosofo romano Seneca era in grado di ripetere un elenco di 2000 nomi nell'ordine in cui li aveva uditi.
Un altro romano, Semplicio, recitava Virgilio a memoria e anche al contrario

Pietro da Ravenna, famoso giurista del XV secolo ed autore di un importante testo sulla memoria, imparo grazie al metodo chiamato " metodo dei loci" tutta la Bibbia,tutto il canone delle leggi, 200 orazioni di Cicerone e 1000 versi di Ovidio.
Rileggeva tutto quanto archiviato nella sua memoria e affermò che " quando lascia il mio paese per andare in pellegrinaggio nelle Citta d'Italia, portai con me tutto ciò che possedevo".

Anche san Tommaso D'Acquino, vissuto nel XIII secolo, era rinomato per aver compilato tutta la "Summa teologica" nella sua mente ed averla dettata a memoria.

Il Talmud ebraico, pieno di segreti mnemotecnica per fissarlo nella memoria, fu tramandato per secoli oralmente.
Sapere il Corano a memoria e' considerato tutt'ora la massima impresa per un musulmano.

Dopo la scoperta del metodo dei loci si inizia a decodificare la memoria con un sistema di regole da personaggi come Cicerone e Quintiliano per proseguire il testi medioevali.

Oltre che a personaggi importanti della politica, della religione, della scienza la memoria inizia ad essere utilizzata anche dagli artisti.

Tommaso garzoni nella sua monumentale opera " La piazza universale di tutte le professioni del mondo " dedica un capitolo
ai " De' professori di memoria" .

Gli effetti dagli artisti di memoria utilizzati nei teatri e nelle esibizioni privati sono pressoché identici in tutti i secoli:
-ricordarsi la cronologia dei papi (nomi, anno di elezione, durata del loro pontificio,anno di nascita e di morte
-ricordarsi come sopra descritto re,imperatori e fatti di storia
-calcoli complessi eseguiti a mente in tempi di esecuzione fulminei ma non istantanei
-ricordarsi numeri , persone, oggetti grazie a sistemi di mnemotecnica associativa

Lo sviluppo dell'arte della memoria e del calcolo mentale si colloca fra la seconda metà del 1800 e la prima metà del 1900

Gli artisti della memoria e dei calcoli matematici veloci assumono nel corso del tempo la dicitura di calcolatori prodigio tra cui: CAUCHY ,DE GIOVANNI chiamata L'INAUDI FEMMINILE,
DELBERT, DIAMANTI ,FLEURY , NOAKES ,NIONAKIS.

Tra l'800 e il '900 alcuni di essi diventano leggendari:

AMPERE
Nato nel 1775 e morto nel 1836 il suo nome e' oggi conosciuto da tutti per i suoi studi nel campo dell'elettricità.
A quattro anni eseguiva operazioni di calcolo mentale complicatissime. A 11 prendeva la licenza elementari .

ARAGO
Da adolescente iniziò a mostrare le sue doti di calcolatore prodigio

ARUMOGAAM
Cingalese nato nel 1912 era analfabeta con una mentalità infantile ma riusciva a dare la soluzioni in pochi secondi di operazioni matematiche complesse tra cui complessi calcoli con il pi-greco

BIDDEN (INGLESE)
Nato nel 1805 e morto nel 1878 ingegnere inglese all'età di 10 anni stimolato dal padre riusciva a moltiplicare mentalmente un numero di 15 cifre per un altro numero di 15 cifre

BUXTON (inglese)
Nato nel Derbyshire nel 1702, aveva poca intelligenza tanto da essere definito da adulto con un cervello di un ragazzino di 10 anni.
Eseguiva difficilissimi operazioni matematiche a mente, anche se ci metteva mesi,ma alla fine riusciva a trovare la soluzione.
Nel 1754 lascia il suo paese di origine e viene invitato ad esibirsi per l'alta società inglese.
Riusciva a moltiplicare a mente un numero di 39 cifre per un altro numero di 39 cifre

COLBURN (AMERICANO)
A 6 anni faceva calcoli matematici molto complessi.
A nove anni viaggia in Usa rispondendo a domande in dieci secondi.
A dieci anni incontra l'alta borghesia europea
Aveva una curiosità fisica: aveva un dito in più per ogni mano ed un alluce in più per ogni piede

DAGBERT
Francese, nato nel 1913 si esibiva accompagnato da un violino. Nella seconda meta del 900, vince la sfida contro un calcolatore elettronico di ben 1 minuto e 35 secondi.

DASE
Nato ad Amburgo nel 1824 e morto nel 1861 completò mentalmente la tavola dei numeri primi fino alla cifra di 8 milioni

DEVI
Figlia di un bramino indiano era conosciuta come "il miracolo dei matematici", capace di estrarre radici cubiche di numeri di 18 cifre

FULLER
Era un negro preso come schiavo in America.
Non sapeva leggere ne scrivere ma riusciva a calcolare i secondi tra due anni scelti in differenti epoche

GAUSS
Matematico e fisico che tutti noi conosciamo, da bambino di 10 anni dimostro le sue doti di calcolo

INAUDI
Nato in Piemonte nel 1967 e deceduto in Francia nel 1950 era un pastore che stupi' il mondo con le sue doti di calcolatore umano.

LEMARCHAND
All'età di 7 anni estraeva in un lampo radici quadrate di numeri di 8 cifre

MANGIAMELE
Pastore siciliano nato nel 1827 , analfabeta, creo da solo metodi di calcolo mentali: riusciva ad estrarre radici cubiche di numeri con milioni di cifre

MAZUY
Faceva il Doganiere, ma sapeva eseguire mentalmente
calcoli eccezionali

MONDEUX
Pastore francese nato nel 1826 e morto nel 1862 creò
alcuni sistemi per risolvere difficili problemi di algebra .
Riusciva a effettuare contemporaneamente più
operazioni mentali

MORTENSEN
Contadino danese a 39 anni si confronta con una
macchina calcolatrice battendola

MOIA
Spagnola, non sapeva leggere ma eseguiva difficili
operazioni matematiche

OSAKA
Eseguiva difficili operazioni matematiche ma sapeva solo
sommare, sottrarre e moltiplicare e non dividere

SAFFORD
Americano , nato nel 1836 e morto nel 1901 riusciva
mentre sorrideva e conversava a dare il risultato di una
moltiplicazione di un numero di 15 cifre per un altro di 15
cifre.

VERHAEGHE
Nato il 16 aprile del 1926 nel villaggio di Bousval, era
timido e non parlava molto bene, riusciva però a risolvere
nella sua testa problemi matematici in pochi secondi tra
cui:
il quadrato di 888,888,888,888,888
(790,123,456,790,121,876,534,209,876,544) in 40
secondi
2 alla 59 potenza = 576,460,752,303,423,488 in 30
secondi
1246 alla quarta potenza = 2,410,305,930,256 in 10
secondi

ZANEBONI
Nato nel 1867 aveva da ragazzo memorizzato centinaia
di soluzioni matematiche e riusciva a dare risposte in
meno di 10 secondi

Dal 1950 alcune persone presentano o hanno presentato
effetti di calcolo istantaneo.
Uno in particolare e' riuscito a diventare leggenda: Harry
Lorayne, prestigiatore e scrittore è divenuto la persona
più famosa nel campo della memoria e delle sue
tecniche.

Domani forse toccherà a te.

ESEGUIRE CALCOLI DI NUMERI AL QUADRATO PER I NUMERI DA 25 A 50

Fatevi dire un numero tra 25 e 50. (esempio 36)

Eseguite mentalmente la sottrazione tra 25 e il numero(36-25=11)
Aggiungete al risultato due zeri.
Questo numero sarà il primo dei due numeri della risposta.(=1100)

Eseguite la differenza tra il numero 50 e il numero scelto (50-36=14)
Eseguite mentalmente la radice quadrata di 14(=196)

Eseguite mentalmente l'addizione tra il numero trovato nella precedente calcolo (1100) e il risultato della radice quadrata trovata nel secondo calcolo (196)

Il totale dell'addizione (1100+196=1296) dà il quadrato del numero scelto

ESEGUIRE CALCOLI DI NUMERI AL QUADRATO PER I NUMERI DA 50 A 100

Fatevi dire un numero tra il 50 e il 100 (esempio 73)

Eseguite mentalmente la sottrazione tra 50 e il numero scelto
(73-50=23)
Prendete due volte questo risultato (23+23=46)
Aggiungete al risultato due zeri (4600)
Questo numero sarà il primo dei due numeri della risposta.(=4600)

Eseguite la differenza tra il numero 100 e il numero scelto
(100-73=27)
Eseguite mentalmente la radice quadrata di 27(=729)

Eseguite mentalmente l'addizione tra il numero trovato nella precedente calcolo (4600) e il risultato della radice quadrata trovata nel secondo calcolo (729)

Il totale dell'addizione (4600+729=5329) dà il risultato del numero scelto al quadrato .

ESTRAZIONE DI RADICI QUADRATE

Bisogna imparare questo schema a memoria:

numero	1	2	3	4	5	6	7	8	9
quadrato	1	4	9	16	25	36	49	64	81

Questo vi servirà per eseguire radici quadrate dei numeri

Fatevi dire un numero esempio 3239

Dividete mentalmente il numero in due.

La prima parte (32) associatela mentalmente al numero che si avvicina nel vostro schema memorizzato.
(in questo caso 32 e' compreso tra 25 e 36, quindi prendete il 25 in cui quadrato e' 5)
questo numero (5) e' il primo numero della radice quadrata del numero scelto.

Prendete adesso dal numero scelto l'ultima cifra(nel nostro esempio 9) e visualizzate mentalmente quali quadrati nel vostro schema memorizzato finiscono con qual numero (nove).
(nel nostro esempio il 9 e il 49 che corrispondono ai numeri 3 e 7)

Prendete quello che e' più grande rispetto al primo numero trovato dalla prima operazione mentale che avete effettuato.

(nel nostro esempio 5 , quindi prendete il 7)

Scrivete i due numeri trovati trovando cosi la risposta del problema (nel nostro esempio e' 57)

CALCOLARE MENTALMENTE IL CUBO
DI UN NUMERO SCELTO

Bisogna imparare uno schema a memoria

numero	1	2	3	4	5	6	7	8	9
cubo		1	8	27	64	125	216	343	512	729

Fatevi dire un numero (esempio 64)

Dividete mentalmente il numero in due (6 e 4)

Utilizzando lo schema memorizzato fate il cubo del primo numero (cubo di 6= 216)

Utilizzando lo schema memorizzato fate il cubo del secondo numero(cubo di 4= 64)

Aggiungete davanti due zeri (064) (se era di un numero aggiungete due , se era di tre nessuno zero)

Sommate i due numeri trovati (216,064) .Memorizzate questo numero trovato
Ora eseguite mentalmente la seguente operazione di calcolo
numero scelto (64) per il numero prima cifra(esempio 6) per il secondo numero(4) per il numero fisso 3
(esempio 64x6x4x3=4608)

Eseguite ora mentalmente, spostando di un unita il

numero appena trovato l'addizione in colonna del primo numero trovato (esempio 216,064) più il numero che avete appena trovato (4608)

(nel nostro esempio   216064 + 4608   )

trovando il risultato del cubo del numero scelto (esempio = 262,144)

ESTRARRE RADICI CUBICHE

Bisogna imparare uno schema a memoria

numero	1	2	3	4	5	6	7	8	9
cubo	1	8	27	64	125	216	343	512	729

Questo vi servirà per eseguire radici quadrate dei numeri

Fatevi dire il risultato di una radice cubica di un numero compreso tra uno e 100

Esempio (328,509)

Dividete mentalmente il numero in due.

La prima parte (328) associatela mentalmente al numero che si avvicina nel vostro schema memorizzato.
(in questo caso 328 e' compreso tra il numero 343 in cui cubo e' 7 e il numero 216 il cui cubo è 6)
prendete il più piccolo
questo numero (6) e' il primo numero della radice quadrata del numero scelto.

Prendete adesso dal numero scelto l'ultima cifra(nel nostro esempio 9) e visualizzate mentalmente quali cubi nel vostro schema memorizzato finiscono con qual numero (9).
(nel nostro esempio il 729 che corrisponde al numero 9)

Scrivete i due numeri trovati trovando cosi la risposta del problema (nel nostro esempio e' 69)

PRODIGIOSO

Dichiarate al vostro pubblico che riuscirete a sapere in un secondo se un numero e' divisibile per quattro
Il tutto però stando bendato.

Prendete un fazzoletto e fatevi bendare.

Fate scrivere su una lavagna un numero di tante cifre.

Passate la mano sopra alla lavagna e dichiarate che il numero appena scritto non e' divisibile per quattro in quanto manca un numero.
Fate aggiungere il numero 28 .Ora e' divisibile per quattro.

(ps: aggiungete sempre a qualsiasi numero scritto il numero 28)

ANY NUMBER MAGIC SQUARE

uno spettatore nomina un numero tra trenta e novanta.
Costruite un quadrato di quattro caselle per lato con il
procedimento seguente:

calcolate mentalmente il valore x
x = numero -22

costruite il quadrato

5	3	4+x	10
12	2+x	1	7
2	8	11	1+x
3+x	9	6	4

fate scegliere una qualsiasi colonna ,riga ,diagonale e la
somma dei numeri della colonna,riga, diagonale scelta
sempre uguale al numero originale dello spettatore

YOUR DATE MAGIC SQUARE

Chiedete ad uno spettatore la sua data di nascita.
Scrivetela su una lavagna e fate la somma dei numeri
della data.
troverete cosi' un nuovo numero che sarà il numero
magico dello spettatore.

Costruite un quadrato di quattro caselle per quattro
seguendo il seguente procedimento:

Giorno	mese	secolo	anno
Secolo-1	anno–1	giorno+1	mese +1
Anno-2	secolo -2	mese+2	giorno + 2
Mese+1	giorno+3	anno-3	secolo-1

fate scegliere una qualsiasi colonna ,riga ,diagonale e la
somma dei numeri della colonna,riga, diagonale scelta
sempre uguale al numero originale dello spettatore.
Per finire , cerchiate i numeri ai quattro angoli del
quadrato che formano esattamente la data scelta dallo
spettatore.

HAPPY BIRTHDAY MAGIC SQUARE

Chiedete ad uno spettatore la sua data di nascita.
Scrivetela su una lavagna e fate la somma dei numeri
della data. Troverete cosi' un nuovo numero che sarà il
numero magico dello spettatore.

Costruite un quadrato di numeri di quattro caselle per
quattro seguendo il seguente procedimento:

Giorno	secolo-1	anno+1	mese
Anno+2	mese-1	giorno+1	secolo-2
Mese-2	anno-1	secolo+1	giorno+2
Secolo	giorno+3	mese-3	anno

fate scegliere una qualsiasi colonna ,riga ,diagonale e la
somma dei numeri della colonna,riga, diagonale scelta
sempre uguale al numero originale dello spettatore.
Per finire , cerchiate i numeri ai quattro angoli del
quadrato che formano esattamente la data scelta dallo
spettatore.

IL SEGRETO DELLE TRE M: UN PO' DI STORIA

Dal 2010 , dopo la pubblicazione di "Magia matematica", diverse università italiane (tra cui in primis Università dell'Insubria di Como e Varese) mi hanno proposto di tenere dei seminari - conferenze sul legame tra la magia e la matematica.

Davanti ad una platea di 200 /300 persone , studenti universitari e pubblico invitato, intrattenevo ,parlando del legame tra magia e matematica, eseguendo effetti di magia con i numeri e svelando alcuni effetti pubblicati nel libro.

Successivamente ho introdotto , oltre alla magia matematica, anche la memoria: storia e metodi per ricordare oggetti, nomi, numeri .

E' uno spettacolo a tutti gli effetti: si parla di storia,di tecniche e di magia. L'ho intitolato " Il segreto delle tre m: magia memoria e matematica".

Dopo le università ho modificato ed esteso il seminario, ampliando le tecniche di memoria, alle aziende: insegno le tecniche di memorizzazione e magia matematica a manager e dipendenti.

Questa è pubblicazione e' quindi un evoluzione del mio lavoro professionale che voglio condividere con Te che

stai leggendo.
Ti ringrazio di dedicarmi ancora una volta il tuo prezioso
tempo.

PENSA UN NUMERO

Questo metodo di determinare un numero pensato da uno spettatore e stato spiegato sul finire del 400 da Fra Luca Pacioli che lo ha pubblicato nella sua meravigliosa opera "De viribus quantitatis".

Chiedete ad uno spettatore di pensare un numero qualsiasi.

Ditegli di moltiplicarlo per due.

Poi fategli aggiungere 5.

Dite di moltiplicare il tutto per 5 ed aggiungere 10.

Infine ditegli di moltiplicare per 10 il risultato e di dirvi il numero che ha trovato.

Mentalmente sottraete 350 dal numero e dividete per 100.
Il numero che risulta e' lo stesso che ha pensato lo spettatore .

PENSA UNA CARTA

Ecco un sistema per scoprire , grazie alla matematica ,una carta pensata da uno spettatore. Questo effetto può essere eseguito con successo al telefono.

Spiegate allo spettatore scelto che ogni carta ha un valore numerico: asso corrisponde a 1, il due al 2 ect fino ad arrivare al jack uguale 11 , donna al 12, re al 13.

Ditegli di pensare ad una carta e moltiplicare per cinque il valore della carta pensata, sommare poi tre ed infine raddoppiare il risultato.

Ditegli poi di aggiungere un numero corrispondente al seme della carta in questo modo:

Se cuori aggiungere 1
Se e' quadri 2
Se e' fiori 3
Se e' picche 4

Fatevi comunicare il risultato.

Sottraete mentalmente al risultato il numero 6:
la cifra a destra del numero ottenuto indica il seme della carta, la cifra (o le due cifre) a sinistra vi indica(no) il valore .

CARTA PENSATA (PRIMO METODO)

CHIEDETE AD UNO SPETTATORE DI PENSARE AD UNA CARTA DA GIOCO.
(RICORDATEGLI CHE L'ASSO VALE 1, IL JACK VALE 11 , LA REGINA VALE 12, IL RE VALE 13)
DITEGLI DI SEGUIRE LE VOSTRE ISTRUZIONI MENTALMENTE.
PENSATA LA CARTA (ESEMPIO RE DI FIORI)
DITEGLI DI RADDOPPIARNE IL VALORE (RE= 13 X2 = 26)
AL RISULTATO DI AGGIUNGERE TRE (ESEMPIO 26+3= 29)
MOLTIPLICARE POI IL RISULTATO PER CINQUE (ESEMPIO 29 X 5= 145)
QUINDI
SE LA CARTA E' DI CUORI DEVE AGGIUNGERE 1
SE LA CARTA E' DI QUADRI DEVE AGGIUNGERE 2
SE LA CARTA E' DI FIORI DEVE AGGIUNGERE 3
SE LA CARTA E' DI PICCHE DEVE AGGIUNGERE 4
(ESEMPIO 145 +3= 148)
FATEVI DIRE IL RISULTATO E DA QUESTO SOTTRAETE MENTALMENTE 15
(ESEMPIO 148-15= 133)
L'ULTIMA CIFRA RAPPRESENTA IL SEME(ESEMPIO 3= FIORI), LE PRIME DUE CIFRE IL VALORE DELLA CARTA
(ESEMPIO 13= RE)

CARTA PENSATA (SECONDO METODO)

CHIEDETE AD UNO SPETTATORE DI PENSARE AD UNA CARTA DA GIOCO.
(RICORDATEGLI CHE L'ASSO VALE 1, IL JACK VALE 11 , LA REGINA VALE 12, IL RE VALE 13)
DITEGLI DI SEGUIRE LE VOSTRE ISTRUZIONI MENTALMENTE.
PENSATA LA CARTA (ESEMPIO ASSO DI PICCHE)
DITEGLI DI MOLTIPLICARE IL VALORE PER DIECI
(ASSO= 1 X 10 = 10)
AL RISULTATO DI AGGIUNGERE 9(ESEMPIO 10+9= 19)
QUINDI
SE LA CARTA E' DI CUORI DEVE AGGIUNGERE 1
SE LA CARTA E' DI QUADRI DEVE AGGIUNGERE 2
SE LA CARTA E' DI FIORI DEVE AGGIUNGERE 3
SE LA CARTA E' DI PICCHE DEVE AGGIUNGERE 4
(ESEMPIO 19 +4= 23)
FATEVI DIRE IL RISULTATO E DA QUESTO SOTTRAETE MENTALMENTE 9
(ESEMPIO 23-9= 14)
SE IL TOTALE HA DUE NUMERI , IL NUMERO A SINISTRA INDICA IL VALORE DELLA CARTA E QUELLO A DESTRA IL SEME
SE IL TOTALE HA TRE NUMERI I PRIMI DUE NUMERI A SINISTRA INDICATO IL VALORE DELLA CARTA E QUELLO A DESTRA IL SEME
(ESEMPIO 14 = 1 ASSO E QUATTRO SEME PICCHE)

TRE CARTE PENSATE

TRE SPETTATORI PENSANO A TRE CARTE.
TRAMITE CALCOLI MATEMATICI L'ESECUTORE
RIESCE A DETERMINARE IL
VALORE DI OGNUNA.

FATE PENSARE A TRE SPETTATORI TRE CARTE
QUALSIASI DAL VALORE COMPRESO TRA 1 E 9
(ESEMPIO 3,9,6)
DITEGLI DI ESEGUIRE LE OPERAZIONI DA VOI
INDICATE :
MOLTIPLICARE PER DUE IL VALORE DELLA PRIMA
CARTA
(ESEMPIO 3 X 2 = 6)
AGGIUNGERE IL NUMERO 3
(ESEMPIO 6+3=9)
MOLTIPLICARE IL TOTALE OTTENUTO PER CINQUE
(ESEMPIO 9X5=45)
AL RISULTATO AGGIUNGERE SETTE
(ESEMPIO 45+7= 52)
AGGIUNGERE AL TOTALE IL VALORE DELLA
SECONDA CARTA
(ESEMPIO 52+9= 61)
MOLTIPLICARE IL TOTALE PER DIECI
(ESEMPIO 61 X 10 = 610)
AGGIUNGERE IL NUMERO SETTE
(ESEMPIO 610+ 7= 617)
AGGIUNGERE INFINE IL VALORE DELLA TERZA
CARTA

(617+6= 623)
FATEVI DIRE IL RISULTATO E MENTALMENTE
SOTTRAETE IL NUMERO 277.
(ESEMPIO 623-277=369)
IL NUMERO OTTENUTO CORRISPONDE AL VALORE
DELLE TRE CARTE

MOLTIPLICAZIONI VELOCI

FATEVI DIRE DA UNO SPETTATORE UN NUMERO DI
TRE CIFRE
(ESEMPIO 593)
SCRIVETELO SULLA LAVAGNA DUE VOLTE
(ESEMPIO
593   593)
CHIEDETE AD UN ALTRO SPETTATORE UN NUMERO
DI TRE CIFRE E SCRIVETELO SOTTO AL NUMERO DI
SINISTRA
(ESEMPIO
593   593
482)
AGGIUNGETE VOI SOTTO AL NUMERO ALLA VOSTRA
DESTRA UN NUOVO NUMERO DI TRE CIFRE
CALCOLATO
MENTALMENTE IN QUESTO MODO: COMPLEMENTO
A 9 DEL NUMERO DETTO DAL SECONDO
SPETTATORE
(ESEMPIO
593   593
482   517)
DITEGLI ALLO SPETTATORE DI UTILIZZARE UNA
CALCOLATRICE PER ESEGUIRE ENTRAMBE LE
MOLTIPLICAZIONI E
SOMMARLE INSIEME
VOI DIMOSTRERETE DI ESSERE PIÙ VELOCI DI UN
CALCOLATORE
SCRIVETE INFATTI ,CALCOLANDO MENTALMENTE ,IL

NUMERO
593-1 = 592
E POI IL COMPLEMENTO A 9 DI QUESTO
592 COMPLEMENTO A 9 = 407
IL RISULTATO E'592407

SEMPRE LO STESSO!!!

Scrivete su un foglio il numero 5. Piegatelo ed inseritelo in una busta.

Dite ad uno spettatore di pensare ad numero qualsiasi. (esempio 300)

Ditegli di sommare a questo numero il numero successivo (esempio 300+ 301= 601)

Ditegli di sommare 9 (esempio 601+9= 610)

Ditegli di dividere il numero per due (esempio 610:2= 305)

Ditegli infine di sottrarre a questo numero il numero originale pensato (esempio 305-300=5)

Aprite la vostra predizione .

SOMME PRODIGIOSE

Questo e' un effetto con i numeri che ha dell'incredibile.
Scrivete su un foglio i seguenti numeri lasciando tra il
primo e il terzo uno spazio vuoto:

57,739
31,284
22,088

Chiedete ad uno spettatore un numero compreso tra 120
e 200 che non comprenda il numero zero tra le cifre.
Mentalmente sottraete 1 da ogni cifra del numero
(esempio 146 = 035) scrive il numero che trovate nello
spazio del vostro foglio vuoto.

57,739
035,
31,284
22,088

Chiedete ad un altro spettatore un numero di tre cifre
senza zero compreso tra 200 e 1000.(esempio 546)
Mentalmente sottraete uno da ogni cifra (esempio 546=
435)
Scrivete il numero trovato di fianco al numero scritto
prima.

57,739
035,435
31,284
22,088

Mostrate questo foglio e incredibilmente la somma dei
numeri e' uguale al numero formato dai due spettatori
(esempio 146,546)

PREVISIONE NUMERICA

Un effetto eccezionale da me utilizzato nelle mie conferenze all'Università.

Fatevi dire da uno spettatore un numero di tre cifre (esempio 593)

Scrivetelo su una lavagna due volte
(esempio 593   593)

Chiedete ad un altro spettatore un nuovo numero di tre cifre (esempio 482)

Scrivetelo sotto al primo numero
(esempio 593   593
          482   )

Aggiungete ora sotto l'altro numero un nuovo numero .
Questo numero lo scrivete voi facendo mentalmente il complemento a 9 del numero dato dal secondo spettatore
(esempio 482= 517)
(esempio 593   593
          482   517)

Consegnate una calcolatrice ad un terzo spettatore pregandolo di moltiplicare i primi due numeri trovando un primo risultato (esempio 593x482= x) poi moltiplicare i secondi numeri (esempio 593x517=y) infine sommare i due risultati trovati (esempio X+y= z)

Voi riuscirete a fare queste incredibili operazioni in pochi
secondi procedendo come segue:

Prendete il numero originale (esempio 593) e togliete
uno da questo numero (esempio 593-1= 592)

Scrivete questo numero (esempio 593) e scrivete poi di
seguito il complemento a nove di questo numero
(esempio 592 ....407)

Il numero delle operazioni e' l'unione di questi due numeri
(esempio 592.407)

Potete far utilizzare anche numeri di quattro , cinque , sei
cifre .

IL TEMPO

Un metodo poco conosciuto per scoprire l'ora pensata da uno spettatore.

Osservate il quadrante di un orologio:

Le 12 hanno il suo opposto nel 6 .
La somma di queste ore e' 18

L' 1 ha il suo opposto nel sette la cui somma e' 8

Le due hanno il suo opposto nel 8 la cui somma e' 10

Le tre hanno il suo opposto nel 9 la cui somma e' 12

Le quattro hanno il suo opposto nel 10 la cui somma e' 14

Le cinque hanno il suo opposto nel 11 la cui somma e' 16

Ricordatevi questo schema a memoria e siete pronti per un incredibile effetto.

Giratevi di spalle e chiedete ad uno spettatore di pensare ad un ora dell'orologio e di sommare l'ora opposta. Fatevi comunicare la somma ed immediatamente , grazie alla vostra tabella memorizzata , ditegli le due ore scelte.

Seconda fase: ripetete esattamente la procedura sopra

indicata individuando le due nuove ore.

Terza fase: ditegli di scegliere un ora e sottrarre l'ora opposta. Ditegli di pensare a questo numero trovato. Immediatamente annunciate che il numero che sta pensando e' 6!

Il segreto sta che qualsiasi ora scelta sottraendo il suo opposto da come risultato sempre sei.

ALLA 5° POTENZA

Nella mia precedente pubblicazione " Magia matematica"
ho descritto sistemi per calcolare mentalmente radici
quadrate e cubiche.

Qui di seguito un metodo interessante per calcolare
mentalmente la radice di un numero alla 5° potenza.

Imparate a memoria la seguente tabella:

1	100.000
2	3 .000.000
3	24.000.000
4	100.000.000
5	300.000.000
6	777.000.000
7	1.500.000.000
8	3.000.000.000
9	6.000.000.000
10	10.000.000.000

Chiedete ad uno spettatore di pensare un numero da 1 a
100. (esempio 57)

Ditegli di moltiplicarlo per se stesso 4 volte (esempio 57x57x57x57x57= 601.692.057)

Chiedete il risultato (esempio 601.692.057)

In base al risultato procedete come segue:
In base alla nostra tabella sapete che il numero del nostro esempio e' compreso tra 300 milioni e 777 milioni che corrispondono al numero 5 e 7.

Prendete sempre il valore più basso
(esempio il numero 5)

Per la seconda cifra del numero prendete sempre l'ultima cifra del numero trovato dallo spettatore
(esempio = 7)

Unite le due cifre e annunciate il numero pensato dallo spettatore.
(esempio 5 e 7= 57)

VIAGGIO CURIOSO NEL MONDO DEI QUADRATI MAGICI

La più antica testimonianza a noi pervenuta sui quadrati magici viene dalla Cina nei primi secoli dopo Cristo, e forse addirittura nel IV secolo a.c.

Il quadrato 3 × 3 era chiamato Lo Shu; nel X secolo i cinesi conoscevano quadrati fino all'ordine 10, oltre a catene di cerchi e cubi magici non perfetti.

Nell'Occidente Latino i quadrati magici apparvero nel XIII secolo.

Se ne trova traccia in un manoscritto in lingua spagnola, ora conservato nella biblioteca Vaticana (cod. Reg. Lat. 1283a) attribuito a Alfonso X di Castiglia.

Ricompaiono poi a Firenze nel XIV secolo, in un manoscritto di Paolo dell'abbaco ossia Paolo Dagomari, un matematico, astronomo e astrologo che fu tra l'altro in stretto contatto con Jacopo Alighieri , uno dei figli di Dante.

Ai folii 20 e 21 del manoscritto 2433 conservato nella Biblioteca Universitaria di Bologna si trovano infatti un quadrato magico 6x6 e uno 9x9, attribuiti rispettivamente al Sole e alla Luna.
Gli stessi quadrati compaiono anche nel manoscritto Plimpton 167 (folio 69 recto e verso), una copia del

Trattato dell'Abbaco del XV secolo conservata nella Biblioteca dell'Università Columbia di New York.

Luca Pacioli parla dei quadrati magici nel suo "De Viribus Quantitatis".

Quadrati magici di ordine 3 sino al 9, descritti si trovano in numerosi manoscritti a partire dal XV secolo.

Tra i più noti, il "Liber de Angelis", un testo di magia "angelica" che si trova contenuto in un manoscritto (Cambridge Univ. Lib. MS Dd.xi.45) eseguito attorno al 1440 e che riprende, con qualche variante, il testo di "De septem quadraturis planetarum seu quadrati magici" un manuale di magia tramite le immagini planetarie, contenuto nel Codex 793 della Biblioteka Jagiellońska (Ms BJ 793).

Uno tra più noti quadrati magici è sicuramente quello che compare nell'incisione di Albrecht Durer intitolata "Melancholia I".
Con l'avvento della stampa, i quadrati magici e i loro impieghi uscirono dall'anonimato: responsabile ne fu Cornelio Agrippa , che li descrisse in gran dettaglio nel libro II del suo "Filosofia Occulta", definendoli "tavole sacre dei pianeti e dotate di grandi virtù, poiché rappresentano la ragione divina, o forma dei numeri celesti".

Si trovano quadrati magici a Pompei nella Grande

Palestra, Corinium in Inghilterra, Dura- Europos in Siria ,
in costruzioni sacre spesso templari come San Giovanni
a Campiglia Marittima, abbazia di Valvisciolo, pieve di
Terzagni.

Recentemente anche lo scrittore Dan Brown ne parla nel
suo libro " Il simbolo perduto" e anche il mio caro amico
Francesco Da Mosto utilizza il quadrato magico nel suo
romanzo " Black king"

Nella mia precedente pubblicazione " Magia matematica "
svelo tre sistemi di costruzione e in questa pubblicazione
altri tre.

Il quadrato magico e' da alcuni anni una delle hit sia nel
mio live show sia nelle mie conferenze su magia e
matematica nelle principali università italiane.

QUADRATO MAGICO N° 1

Uno spettatore nomina un numero tra trenta e novanta.
Costruite un quadrato di quattro caselle per lato con il
procedimento seguente:

calcolate mentalmente il valore x
x = numero - 30

costruite il quadrato come segue:

x	13	14	3
11	6	x+5	8
7	10	9	x+4
12	x+2	2	15

Fate scegliere una qualsiasi colonna ,riga ,diagonale e la
somma dei numeri della colonna,riga, diagonale scelta
sempre uguale al numero originale dello spettatore.

Non solo :
-i quadrati due per due danno come somma il numero
scelto dallo spettatore
- gli angoli dei quadrati tre per tre danno come somma il
numero scelto dallo spettatore

- gli angoli del quadrato quattro per quattro danno come somma il numero scelto dallo spettatore.

QUADRATO MAGICO N° 2

Uno spettatore nomina un numero tra trenta e novanta.
Costruite un quadrato di quattro caselle per lato con il
procedimento seguente:

calcolate mentalmente il valore x
x = numero - 20

Costruite il quadrato come segue:

x	1	12	7
11	8	x-1	2
5	10	3	x+2
4	x+1	6	9

Fate scegliere una qualsiasi colonna ,riga ,diagonale e la
somma dei numeri della colonna,riga, diagonale scelta è
sempre uguale al numero originale dello spettatore.

Non solo :
-i quadrati due per due danno come somma il numero
scelto dallo spettatore
- gli angoli dei quadrati tre per tre danno come somma il
numero scelto dallo spettatore

- gli angoli del quadrato quattro per quattro danno come somma il numero scelto dallo spettatore.

QUADRATO MAGICO N° 3

Uno spettatore nomina un numero tra trenta e novanta.
Costruite un quadrato di quattro caselle per lato con il
procedimento seguente:

calcolate mentalmente il valore x
x = numero - 20

costruite il quadrato come segue:

8	11	x	1
x-1	2	7	12
3	x+2	9	6
10	5	4	x+1

Fate scegliere una qualsiasi colonna ,riga ,diagonale e la
somma dei numeri della colonna,riga, diagonale scelta
sempre uguale al numero originale dello spettatore.

Non solo :
-i quadrati due per due danno come somma il numero
scelto dallo spettatore
- gli angoli dei quadrati tre per tre danno come somma il
numero scelto dallo spettatore

- gli angoli del quadrato quattro per quattro danno come somma il numero scelto dallo spettatore.

QUADRATO MAGICO N° 4

UNO SPETTATORE NOMINA UN NUMERO TRA
TRENTA E NOVANTA.
COSTRUITE UN QUADRATO DI QUATTRO CASELLE
PER LATO CON IL PROCEDIMENTO SEGUENTE:
CALCOLATE MENTALMENTE IL VALORE X
X = NUMERO - 33
COSTRUITE IL QUADRATO
X 14 15 4
12 7 X+5 9
8 11 10 X+4
13 X+1 3 16
FATE SCEGLIERE UNA QUALSIASI COLONNA
,RIGA ,DIAGONALE E LA SOMMA DEI NUMERI DELLA
COLONNA,RIGA,
DIAGONALE SCELTA SEMPRE UGUALE AL NUMERO
ORIGINALE DELLO SPETTATORE.

IL CALENDARIO PERPETUO

Si chiama calendario perpetuo il procedimento che permette di calcolare in quale giorno della settimana cada una qualsiasi data stabilita.

Fino al 1582 si contavano gli anni secondo il calendario Giuliano, che prescriveva di assegnare 366 giorni anziché 365 agli anni divisibili per 4.
Fu scoperto, però, che la lunghezza effettiva dell' anno tropico è leggermente inferiore ai 365 giorni e 6 ore (365 giorni,5 ore,48 minuti e 45,98 secondi) che prevedeva il calendario Giuliano.

Per questo il Papa Gregorio, nel 1582 decise di cambiare le regole del calendario (fino allora detto Giuliano) per "riparare" l'errore temporale che ammontava ormai ad una decina di giorni.
In questo modo, eliminando i giorni "sbagliati" che non avrebbero dovuto esserci, aveva fatto seguire al 4 ottobre del 1582 il 15 ottobre, stabilendo così le nuove regole:
• Un anno comune ha 365 giorni
• Un anno divisibile per 4 ne ha 366 (è bisestile)
• Un anno divisibile per 100 non è considerato bisestile
• Un anno divisibile per 400 è invece considerato bisestile.

Qui di seguito due metodi per "scoprire" mentalmente quale giorno cade una determinata data scelta.
Il primo sistema viene utilizzato un calendario di un anno

conosciuto.

Il secondo metodo viene applicato per qualsiasi data in un qualsiasi anno.

BUON COMPLEANNO

Consegnate a diverse persone del pubblico i calendari dell'anno in corso.

Chiedete ad uno spettatore la data del suo compleanno. In pochi secondi gli comunicate in quale giorno cade.

Ripetete per gli altri spettatori.

Il metodo e' abbastanza semplice. Per prima cosa bisogna imparare a memoria gli indici relativi di ciascun mese dell'anno scelto.

Gli indici dei mesi variano di anno in anno e si calcolano in questo modo:
Si guarda in quale giorno della settimana inizia ciascun mese e si diminuisce di una unita il numero di tale giorno. Per esempio se il mese inizia di giovedi' che e' il quarto giorno l'indice di quel giorno e' tre.

I giorni della settimana sono cosi considerati:

Lunedi = 1
Martedì = 2
Mercoledì = 3
Giovedi = 4
Venerdi = 5
Sabato = 6
Domenica = 7

Stabilito gli indici dell'anno scelto procedete come segue. Lo spettatore dice la sua data (per esempio 21 giugno 1976)

Al numero del giorno (esempio 21) si aggiunge l'indice del mese (esempio 1) (quindi esempio 22)

Poi si considera il multiplo di 7 più vicino a tale numero (esempio 7==21) e si fa la differenza tra questo numero e il numero da noi trovato (esempio 22-21= 1)

Il primo giorno della settimana corrispondente a 1 è lunedi.

QUALSIASI DATA IN QUALSIASI ANNO

Uno spettatore dice una data in qualsiasi anno e
l'esecutore dopo pochi secondi dice il giorno della
settimana che cade la data scelta.

Per prima cosa imparate a memoria (oppure
segretamente inserite in un notebook) le seguenti tabelle:

TABELLA 1

GENNAIO	1
FEBBRAIO	4
MARZO	4
APRILE	0
MAGGIO	2
GIUGNO	5
LUGLIO	0
AGOSTO	3
SETTEMBRE	6
OTTOBRE	1
NOVEMBRE	4
DICEMBRE	6

TABELLA 2

2000 AL 2099	6
1900 AL 1999	0
1800 AL 1899	2
1700 AL 1799	4
1600 AL 1699	6

TABELLA 3

DOMENICA	1
LUNEDI	2
MARTEDI	3
MERCOLEDI	4
GIOVEDI	5
VENERDI	6
SABATO	0

Data una qualsiasi data (esempio 4 luglio 1778)
prendete le ultime due cifre dell' anno (esempio 78) e
dividetele per 4 (esempio 19.5).

Tenete solo le cifre intere (esempio 19).
Aggiungete alle due cifre finali dell'anno della data
(esempio 78+ 19= 97)

Guardando la prima tabella aggiungete a questo numero
trovato il numero corrispondente al mese della data
(esempio 0).

Da questo totale aggiungete il numero del giorno della
data (esempio 4 quindi 97+ 4 = 101)

Osservate la seconda tabella e aggiungete a questo
numero il numero relativo al periodo dell'anno scelto
(esempio dalla tabella due 4 quindi 101+4= 105)

Dividete questo numero per 7
(esempio 105:7=15)
Il resto della divisione determina , grazie alla terza
tabella, il giorno della settimana (esempio resto 0 tabella
3 = sabato)

MEMORIA: LE TECNICHE

Nella mia precedente pubblicazione " Magia matematica " affrontavo la storia della memoria dalle origini ai giorni nostri, descrivendo la storia della memoria e i suoi più importanti protagonisti.
Lo stesso articolo e' stato pubblicato nella mia parade sul sito di Masters of Magic e nel mio libro storico " I viaggiatori della curiosità". In questa pubblicazione vi descrivo le tecniche per ricordare lunghe liste di cose, oggetti e nomi. L'esperienza da me acquisita sia con adulti sia con bambini mi ha insegnato che queste tecniche sono alla portata di tutti.
La prima tecnica e' chiamata Correlazione di immagini.
In pratica mettete su carta una lunga lista di oggetti, animali.
Mentalmente visualizzate come un cartone animato la prima parola con la seconda , la seconda con la terza e cosi via.
(esempio cane gatto nave luna possiamo mentalmente visualizzare un cane che sta inseguendo un gatto sul pontile della nave illuminata dalla luce della luna)

Lo svantaggio di questo metodo e' che se si dimentica un particolare si rompe la sequenza.

Il metodo chiamato Metodo dei loci e ampliato successivamente nel metodo Il palazzo della memoria e quello più funzionante , pratico e permette anche di ricordare per lungo tempo tantissime cose.

Createvi mentalmente un percorso a voi conosciuto: può essere semplicemente casa vostra con i vari locali e dispense.

Una volta stabilito il vostro percorso mentale, inserite le parole di una lista da voi creata all'interno dei vari locali, delle varie dispense in essi contenuti. (per esempio abbiamo le seguenti parole macchina, borsa, cavallo, nutella.Immaginate di entrare a casa vostra aprendo la porta di casa. Entrate in cucina e mettete nel frigo la macchina, poi aprite la lavastoviglie e mettete una borsa, aprite il cassetto delle posate e mettete un cavallo , poi sul tavolo mettete la nutella.)

Chiudete gli occhi e ripetete il vostro percorso: come il nostro esempio entrate in casa andate in cucina aprite il frigo e vedete una macchina, aprite la lavastoviglie e vedete la borsa, aprite il cassetto delle posate e vedete un cavallo, guardate il tavolo e vedete la nutella.

Cosi facendo avete costruito il vostro percorso mentale che potete ampliare a seconda della vostra immaginazione: dalla cucina passate al soggiorno, poi alla camera, al bagno, uscite da casa vostra e vedete il parcheggio delle auto, i negozi, il supermercato.

Più e' ampia la vostra immaginazione visiva più riuscirete a immagazzinare lunghe liste di parole.

BIBLIOGRAFIA

KARL FULVES
" SELF WORKING NUMBER MAGIC"

MARIANO TOMATIS
"LA MAGIA DEI NUMERI"

JOHN SCARNE
" SCARNE'S MAGIC TRICKS"

GIUSEPPE BRESSAN
" IL MENTALSIMO PURO"

DERREN BROWN
" CONFIDENZE DI UN MENTALISTA"

MARTIN GARDNER
Enigmi e giochi matematici I,II,III,IV
Mathematics, Magic & Mystery

ENNIO PERES
L'elmo della mente. Manuale di magia matematica

HARRY LORRAYNE
The magic book
Mathematical Wizardry

KARL FULVES
Self working number magic

DAVID WOLFE, TOM RODGERS
Puzzlers' tribute: a feast for the mind

TOM RODGERS
A Lifetime of Puzzles: A Collection of Puzzles in Honor of
Martin Gardner

TONY CORINDA
13 steps to mentalism

WILL DEXTER
This is magic